给孩子的

昆虫记

GEI HAIZI DE
KUNCHONG JI

〔法〕亨利·法布尔——著

浩君——编译

⑤

昆虫里的
大明星

民主与建设出版社

·北京·

图书在版编目（CIP）数据

给孩子的昆虫记.昆虫里的大明星／（法）亨利·法布尔著；浩君编译 . -- 北京：民主与建设出版社，2023.1

ISBN 978-7-5139-4057-3

Ⅰ.①给…　Ⅱ.①亨…②浩…　Ⅲ.①昆虫－少儿读物　Ⅳ.① Q96-49

中国版本图书馆 CIP 数据核字（2022）第 233377 号

给孩子的昆虫记.昆虫里的大明星
GEI HAIZI DE KUNCHONG JI. KUNCHONG LI DE DAMINGXING

著　　者	〔法〕亨利·法布尔	
编　　译	浩　君	
责任编辑	顾客强	
封面设计	博文斯创	
出版发行	民主与建设出版社有限责任公司	
电　　话	（010）59417747　59419778	
社　　址	北京市海淀区西三环中路 10 号望海楼 E 座 7 层	
邮　　编	100142	
印　　刷	金世嘉元（唐山）印务有限公司	
版　　次	2023 年 1 月第 1 版	
印　　次	2023 年 1 月第 1 次印刷	
开　　本	670 毫米 ×960 毫米　　1/16	
印　　张	8	
字　　数	67 千字	
书　　号	ISBN 978-7-5139-4057-3	
定　　价	158.00 元（全 6 册）	

注：如有印、装质量问题，请与出版社联系。

目录

MULU

第一部分

树上的精灵歌手   1

蝉的童年   2

蝉的羽化   8

蝉的歌声   13

蝉宝宝历险记   18

第二部分

夜晚的提琴家   23

意大利蟋蟀   24

蟋蟀的婚礼   29

蟋蟀的卵   34

蟋蟀的演奏   39

第三部分

草地里的合唱团　　45

绿色蝈蝈　　46

白额螽斯　　52

白额螽斯怎样唱歌　　57

蝗虫如何表达快乐　　63

蝗虫产卵　　68

蝗虫的变身魔术　　73

第四部分

美丽的虫虫舞蹈家　　79

大孔雀蝶之夜　　80

小阔条纹蝶　　86

松毛虫大家族　　91

蓑蛾建筑家　　97

灯　蛾　　102

菜青虫和粉蝶　　108

第五部分

特别的小虫　　113

胭脂虫　　114

蜡衣虫　　119

第一部分

树上的精灵歌手

到了夏天，我们就会听见树上传来"知了知了"的叫声，这说明我们的好朋友蝉又出来"营业"了。你肯定见过蝉，可你知道蝉是什么时候爬到树上去的吗？蝉吃什么呢？答案就在这里，一起来读读吧。

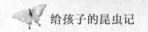

蝉的童年

蝉在小的时候，要在地底下住四年，不过它并不是一直待在某一个地方。它是个流浪儿，当它在一个地方住腻了，就会努力挖掘新的地道，换个地方住。

我很疑惑，蝉在挖洞的时候，一定会产生很多浮土吧？这些被挖下来的多余的土可能会妨碍它的行动，甚至堆在它的老房子里，它会怎么解决这个问题呢？我挖出了一只幼虫，发现它的前爪和后背上满是湿漉漉的污泥。正常情况下，底下的土也应该是干爽的才对，至少不应该把它的身体弄得这样泥泞。这是为什么呢？

这只幼虫的颜色比出洞的幼虫更白。它的眼睛非常大，但是一片混浊，应该是看不见东西的。出了洞的幼虫的眼睛则是黑黑的，闪闪发亮，说明能看得见东西。在地下，它不需要看什么，但是来到阳光下之后，就得用眼睛寻找树枝了。这个时期的幼虫比出洞时的体型要大，它身体内充满了液体，只要捏捏它，它的尾部就会流出液体，弄得全身湿漉漉的。这些液体是什么？我想是

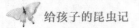

yì zhǒng niào yè ba
一种尿液吧。

zhè ge niào yè hěn guān jiàn　　yòu chóng zài dì xià wā dòng
这个尿液很关键。幼虫在地下挖洞

shí　　jiù huì fēn mì chū zhè zhǒng yè tǐ　　bǎ wā chū lái de
时，就会分泌出这种液体，把挖出来的

gān tǔ nòng shī　　zhè xiē shī shī de ní jiāng zuì zhōng huì bèi yòu
干土弄湿。这些湿湿的泥浆最终会被幼

chóng tú mǒ zài wā hǎo de dòng bì shàng　　děng tā gān le　　jiù
虫涂抹在挖好的洞壁上，等它干了，就

huì xíng chéng guāng huá yòu jiān yìng de yì céng　　xiàng shuǐ ní yí
会形成光滑又坚硬的一层，像水泥一

yàng　　suǒ yǐ　　yòu chóng cóng dì xià chū lái de shí hou　　hún
样。所以，幼虫从地下出来的时候，浑

身都是泥巴。可是这些尿液是怎么产生的？我又小心地挖开了几个洞穴，终于找到了答案——每只幼虫居住的洞壁上都有一段多汁的树根。要挖洞的蝉，在开始工作之前，总要找一个新鲜的树根，用来给自己补充水分。

如果没有水分，会怎么样呢？下面这个实验会告诉我们的。我把一只没有液体的幼虫捉住，把它放进一个试管的底部，用一试管干土把它埋起来。这个土柱子高15厘米，比地洞浅很多，而且土很疏松。幼虫能重新爬到外面来吗？答案是不能。那些被它挖开的土总是掉下来，它耗尽了最后的力气，也没能爬出去。我换了一只

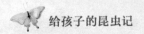

chǔ cún le hěn duō yè tǐ de yòu chóng tā qīng qīng sōng sōng de
储存了很多液体的幼虫，它轻轻松松地

jiù pá chū le ní tǔ
就爬出了泥土。

bú guò zài zhī dào zhōu wéi méi yǒu shù gēn de shí
不过，在知道周围没有树根的时

hou yòu chóng yě huì fēi cháng jié yuē tā huì jiǎn shǎo yè tǐ
候，幼虫也会非常节约，它会减少液体

de shǐ yòng liàng zhí dào zhǎo dào xià yí gè shuǐ yuán wéi zhǐ
的使用量，直到找到下一个水源为止。

虫虫冷知识
CHONGCHONG LENG ZHISHI

我国常见的蝉

　　我国最常见的蝉是蚱（zhà）蝉，它们个头很大，有 4.5 厘米长，全身黑乎乎的，翅膀上有黑色的花纹。你在盛夏时节听到的蝉鸣，很可能是这家伙发出的。蚱蝉要在地下住 3 年，才会爬出地面。还有一种蝉叫蟪蛄（huì gū），它长得小小的，只有 2.5 厘米长，紫青色身上有漂亮的黑色花纹，很可爱。蟪蛄在春末出现，叫声也很细。不过，这家伙在很早以前就是我们的好朋友了，庄子的名篇《逍遥游》中有一句"蟪蛄不知春秋"，说的就是它。还有一种蝉在秋天出现，它叫蜩蟟（diāo liáo），身体是暗绿色的。它的叫声很好听，而且视觉很发达，我们轻易抓不到它。

蟪蛄

蛁蟟

蚱蝉

蝉的羽化

每当夏至时分，一些蝉就会出现在树上，细心的小朋友还会发现，路边树下坚硬的土地上多了几个小圆洞，蝉就是从那里出来的。

地洞口是圆的，直径约2.5厘米，深约40厘米。洞是圆柱形，基本是垂直的。在洞口和洞里都找不到浮土，因为蝉用尿液把它们糊在墙上了。蝉的幼虫要在这个地洞里爬上爬下，而且洞底便是它的卧室，所以需要加固一下墙壁，免得干土掉下来，这是蝉的幼虫为自己挖掘的临时住所，它要在这里为羽化做最后的准备。这里也是它的气象观测站，这个洞不深不浅，既能让它感知外面的温度，又方便它爬上去查看天气。

在好天气里蜕变，是蝉必须要做的一件事。

其实这个地下气象观测站早就建好了，只是蝉的幼虫并没有把洞口打开，它在洞口留了一指厚的土盖子。如果外面刮风下雨，温度很低，它就老老实实地待在下面，不去碰那个盖子。如果外面的温度刚好，是个晴天，它就会捅开盖子，爬到附近的树上，开始蜕变。如

果在蜕变的过程中有人打扰它，它会迅速爬下树，退到洞里躲起来。

幼虫爬出来之后，会在附近徘徊，找一根树枝作为支点。一旦找到，它就爬上去，用前爪牢牢地抓住，然后休息片刻，让悬着的爪臂变硬。这时候，它的外壳会从后背裂开，蝉就从外壳里爬

掐指一算，今天适合出门。

出来，这个过程大概要半个小时。

蝉从壳里出来后，变得非常漂亮！它有了一双透明的翅膀，上面有绿色的脉络。它的胸部略呈褐色，其余部位是浅绿色，有一处处的白斑。现在这只蝉还很脆弱，它需要晒晒太阳才能强壮起来。两个小时之后，它的体色终于变深了，越来越黑。等到它完全变成黑色之后，就拍拍翅膀飞走了。

旧壳除了背部的那条裂缝之外，没有其他的破损之处，并且牢牢地挂在那根树枝上，除非有人去把它拿走。我们常常可以看到，有的蝉壳一挂就是好几个月，甚至整个冬天都挂在那儿，姿态仍旧同幼虫蜕变时一模一样。

有关蝉的古诗

在古代的中国，蝉是一种很受读书人喜爱的昆虫，有人还专门为它写了诗呢!

蝉

〔唐〕虞世南

垂绥饮清露，流响出疏桐。

居高声自远，非是藉秋风。

蝉

〔唐〕薛涛

露涤清音远，风吹数叶齐。

声声似相接，各在一枝栖。

蝉的歌声

关于蝉的传说其实有很多，可是真正了解蝉的人很少，甚至有人认为蝉是用嘴巴唱歌的。

我想说说蝉的发音器。蝉后腿附近有个带盖子的音腔，它的边缘有小孔，叫作音窗，音窗里面有个叫音钹的东西，是个向外凸起的椭圆形薄膜，呈白色。在音窗周围有一些有弹力的脉络，当脉络受到拉伸的时候，自然会带动整个音钹向中间凹陷，但是音钹被固定得很牢固，这样脉络又会被弹回来，一个清脆的声音就这样产生了。

总得有外力去拨动音钹，它才会动的，是什么在拨动它呢？让我们来研究一下吧。先说音腔，一片黄色的乳状薄膜挡在前面，我们把它撕破，两根粗粗的肌肉柱子就露出来了。这两根肌肉柱连成一个V字形，在蝉腹背的中线上，同时也是V字形的顶点部分，又长出一根细细短短的带子。这样就真相大白了，肌肉柱不断伸缩，音钹可以不停地动。

如何让蝉安静下来？只要准备一根针就可以了。拿一根针从音窗那里伸进去，尽量地伸到音腔的底端，这样就可以扎破音钹，这样一来，这只蝉就再没有办法高声歌唱了。

因为音钹上面有了一

个缺口，所以即使它

还能上下活动，也没

办法发出声音了。

支撑音钹的肌肉柱也需要休息，因此，我们在夏天听到的蝉的叫声往往是时有时无的，每段歌声中间大概会有几秒钟的休息。有时候我在观察一只蝉的时候，它会突然开始大声地叫起来，一会儿就变成一种低低的呻吟。休息一会儿后，它又攒足了力量，一段由低到高的歌唱又开始了。

整个夏天蝉都在高声歌唱，不过它们只在晴朗的日子里唱歌，一旦刮风下雨，它们就没心情了。有的时候，它们会从早上唱到傍晚，就算太阳落山也不会罢休。除了它，我想没有哪位歌唱家能一直唱上12个小时了。

只有雄性的蝉才会唱歌，可是为什么蝉一整个夏天都在唱？很多人可能会认为这是雄性蝉在求偶。不，不完全是这样，即使身边已经有了雌蝉，它们还是会高声唱歌。所以我只能认为，蝉是在歌颂自己的美好生活。就像我们尴尬的时候会抹鼻子，兴奋的时候会不断地搓手一样，歌唱是它生命中的一部分。

虫虫故事
CHONGCHONG GUSHI

昆虫的"损友"法布尔

你知道吗？蝉是没有听力的。法布尔当然也发现了蝉的这个秘密，但他的研究方式可太"狂野"啦！为了知道自己家门前树上的蝉是不是聋子，他特意去镇上借来了礼炮，让这些礼炮在蝉的耳边炸响。可是，树上的蝉依然无动于衷，因此法布尔判断它们是聋子。这个实验有些草率，万一蝉是有听力的，说不定也要被他给震聋了！不过幸好人们在后续的科学研究中证实了这一点，蝉确实什么也听不见。

蝉宝宝历险记

常见的蝉都在植物的细枝上产卵。蝉喜欢寻找那些细细的枝条,而且这根枝条不能倒在地上,还必须是干燥的。蝉喜欢的产卵场所有树枝、充满纤维的麦秸、植物茎等。

要产卵的蝉妈妈一旦选好合适的枝条,就会用产卵管在枝条上扎一个洞,把枝条里面的纤维挤出来,形成一个带孔的凸起。然后,它就仰起头,专心地把卵产在这个孔里。蝉卵是白色的,长约2.5毫米，宽约0.5毫米，形状像个小梭子。每个这样的孔里，都有5~15个卵。蝉每一次产卵，都要钻30~40个这样的孔，也就是说它可以产下好几百枚卵。看来蝉的家族真是庞大啊！不过，可别以为这些卵都可以顺利成长，蝉一生中遇到的危险可多着呢。

蝉妈妈产完卵后，有一种小飞虫就会飞过来，落在蝉妈妈钻过的孔附近。这小飞虫是个坏家伙，它也有钻孔器，不过它可不会在秃树枝上钻孔，它喜欢蝉卵。它会在蝉卵附近产下自己的卵，等它的卵孵化出来，就会把这个洞里的蝉卵都吃掉。

那些幸存下来的蝉卵会怎么样呢？

到了九月，这些蝉卵就变成了金黄色。十月初，卵前面出现了两个褐色的小圆点，这是蝉的眼睛。很快，这些蝉卵就该孵化了。蝉孵化时不需要温室和养料，它只要充足的阳光。蝉的初龄幼虫像一条小小的鱼，腹部还有像鱼鳍一样的东西。它利用尾巴上的尾钩前进，六条腿中有四条后腿还包在套子里。只有一对前腿可以支撑身体。为什么这个小家伙长得这么奇特？因为蝉妈妈留下的孔很窄小，蝉宝宝为了顺利离开这里，就以这样的姿态出生了。

出洞之后，蝉宝宝会脱掉一层外套，这时候的它看起来就像我们常见的蝉若虫了。它们需要落到地面上，如果

zhí jiē tiào xià qù de huà huì shòu shāng de chán bǎo bao zǎo
直接跳下去的话，会受伤的。蝉宝宝早

yǒu zhǔn bèi tā men huì zhì zào yì zhǒng xiàng ān quán dài de
有准备，它们会制造一种像安全带的

sī rán hòu shùn zhe sī pá dào dì miàn shàng yǒu shí hou
丝，然后顺着丝爬到地面上。有时候，

zhè xiē tiáo pí de xiǎo jiā huo hái huì zài kōng zhōng dàng dang qiū qiān
这些调皮的小家伙还会在空中荡荡秋千

ne jí shǐ shùn lì luò dì zhè xiē chán bǎo bao yě yào miàn
呢。即使顺利落地，这些蝉宝宝也要面

duì gè zhǒng tiǎo zhàn　　shí yuè de tiān qì yǒu diǎn lěng，　tā men
对 各 种 挑 战。 十 月 的 天 气 有 点 冷， 它 们

yào gǎn jǐn zhǎo dào sōng ruǎn de tǔ dì，　gěi zì jǐ wā gè dì
要 赶 紧 找 到 松 软 的 土 地， 给 自 己 挖 个 地

dòng，　fǒu zé jiù huì dòng sǐ zài wài miàn
洞， 否 则 就 会 冻 死 在 外 面。

　　dāng xìng yùn de chán bǎo bao zhǎo dào hé shì de tǔ dì，
　　当 幸 运 的 蝉 宝 宝 找 到 合 适 的 土 地，

jiù kāi shǐ yòng zì jǐ nà xiǎo xiǎo de gōng jù wā dòng le。　suí
就 开 始 用 自 己 那 小 小 的 工 具 挖 洞 了。 随

hòu de zhěng gè dōng tiān，　yǐ jí wèi lái sān sì nián de shí jiān
后 的 整 个 冬 天， 以 及 未 来 三 四 年 的 时 间

lǐ，　tā dōu shēng huó zài dì xià，　kào shù zhī wéi shēng
里， 它 都 生 活 在 地 下， 靠 树 汁 为 生。

虫虫冷知识
CHONGCHONG LENG ZHISHI

蝉是害虫吗?

我们都知道,蝉喜欢喝树汁,而且喜欢在细树枝上钻孔产卵,一旦这根树枝被钻了很多孔,就会枯死。而且蝉小时候住在地下,以吸食树根里的汁液为生,这可真是害虫才能干出来的事! 但实际上,蝉能喝掉的树汁很少,产卵也专挑很细的树枝,不会影响树的正常生长。而且,蝉是自然界中的一种很重要的食物,螳螂、蝈蝈、鸟类都喜欢吃它,就连人类有时也会去挖蝉的幼虫"知了猴"吃。不过,"知了猴"可不能挖得太多,否则蝉的家族就要面临灭绝的危险了。

第二部分

夜晚的提琴家

你抓过蛐蛐吗？在暑假的夜晚，这个小东西总是在草丛里、石头下"嚁嚁嚁嚁"地唱歌，一旦有人接近，它们就赶紧默不作声，一跳一跳地逃开。这个小家伙的身上藏着很多秘密，现在就让我们来采访一下它们吧！

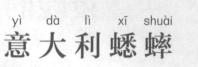

意大利蟋蟀

　　我们这里没有普通蟋蟀，只有一种意大利蟋蟀，它的歌声也很动听。

　　意大利蟋蟀跟我们常见的那些胖胖的黑色蟋蟀不同，它没有黑色外套，身体细长又瘦弱，是灰白色的。如果你把它抓在手里，稍微一用力就有可能把它捏碎。它在各种小灌木上，在高高的草丛中，跳来蹦去，很少待在地上生活。从七月一直到十月，它们日落时分开始歌唱，一直唱到大半夜，它们在开一场悦耳动听的音乐会。有时候，你可以在谷仓、草料堆附近听见它的歌声，那是因为人们在收割作物的时候，不小心把它也带了回来。

意大利蟋蟀的歌声是"格里－依－依""格里－依－依"这种缓慢而柔和的声音，唱起来还微微发颤，使歌声更加悦耳动听。如果没有被惊动，它就一直这样唱，一旦它感到附近有危险，就会改变自己的歌声。刚才它好像就在你的耳边唱歌，突然之间，那声音就小了，听起来像是在几米外的地方，可你如果到那里去找，一定找不到它。

最厉害的是，它可以让你听不出声

音的方向，那声音好像是从左边传来的，但也有可能是从右边或者是从后面传来的。你必须提着提灯，而且要保证静悄悄地寻找，才能在灯光的帮助下捉到这个歌唱家。声音的强与弱、响亮与沉闷的变化，会使人产生距离上的错觉，这是蟋蟀的绝活。当有人去捉它时，它会把振动片的边缘压在肚子上。

找不到我吧？

我们的脚步声一靠近，蟋蟀就会用这种办法对付我们。

为什么把振动片压在肚子上，声音就小了呢？通过观察可以发现，声音响亮时，蟋蟀的鞘翅是完全竖起来的，而声音稍微低沉的时候，鞘翅也微微下垂着。鞘翅下垂时，会不同程度地压到振动片，减少了它的振动面积，声音也就变小了。

不过，意大利蟋蟀的叫声还是很好听的。仲夏夜，万籁俱寂时，它的歌声总是那么优美，那么清脆。我曾经有很多次躲在花丛里，躺在地上偷听意大利蟋蟀那精彩绝伦的音乐会。我的花园里夜间歌唱的蟋蟀非常多，每个花丛里都

cáng zhe yì zhī xiǎo xiǎo de yuè duì zhè xiē xiǎo jiā huo men yòng
藏着一支小小的乐队。这些小家伙们用

qīng liàng de shēng yīn hù xiāng wèn hòu huò zhě zì gù zì de hēng
清亮的声音互相问候，或者自顾自地哼

zhe qǔ zi duō me měi miào a yè kōng lǐ de xīng xing hěn
着曲子，多么美妙啊！夜空里的星星很

duō kě shì xī shuài de gē chàng zǒng shì ràng wǒ tīng de rù le
多，可是蟋蟀的歌唱总是让我听得入了

mí yǐ zhì yú wàng jì nà xiē měi lì de xīng xing
迷，以至于忘记那些美丽的星星。

虫虫冷知识
CHONGCHONG LENG ZHISHI

如何饲养蟋蟀

　　蟋蟀是一种适合饲养的小家伙，如果你在野外抓到了蟋蟀，可以为它准备一个有盖子但可以透气的玻璃缸，在里面放一些沙土和可以让它藏身的东西，比如石头、纸筒什么的。蟋蟀很喜欢吃新鲜的叶菜和水果，如果可以每天给它提供一些生菜、苹果、香蕉的话，它会很开心的。不过蟋蟀晚上喜欢唱歌，如果你怕被吵到，最好还是把它放在没人的屋子里。

蟋蟀的婚礼

　　蟋蟀很喜欢演奏乐曲，它的琴弓发出"克利克利"的声音，这音乐给夏天的夜晚染上了欢快的颜色。

　　蟋蟀刚开始是为了歌唱自己的幸福生活，它用音乐赞颂太阳的永恒，感谢大地的慷慨，大自然的一切，都能成为它音乐的主题。当然，它也经常演唱情歌，那是献给它未来妻子的动人乐曲。

　　可惜，想要在田野中观察蟋蟀的婚

礼，难度非常大，这种昆虫十分胆小。现在，我们只好仔细观察笼子中的蟋蟀了。我在大笼子里放了一些蟋蟀，又放了一些生菜叶，充当它们的家。

蟋蟀先生和蟋蟀小姐不住在一起，婚礼要到谁的家中举行？如果说，蟋蟀先生靠情歌吸引蟋蟀小姐，那么，应该是蟋蟀小姐前往蟋蟀先生的家。不过，事实恰恰相反。

夜幕降临时，蟋蟀先生出发了，它要去蟋蟀小姐的家附近。在路上，它会遇到一些情敌。虽然这些家伙是蟋蟀先生的邻居，不久前还一起举行交响音乐会，但此时此刻它们像敌人一样大打出手。它们扭打在一起，咬着对方的头，最后失败者会灰溜溜地跑开，得胜的蟋蟀先生会继续前进，来到蟋蟀小姐身边。

　　蟋蟀先生到了目的地，轻声唱起了情意绵绵的曲调。它还把一根触角拉到大颚下，卷曲起来，用唾液涂上美容剂。它的后腿向空中猛踢，表达着自

这是哪儿来的傻瓜？

己对蟋蟀小姐的喜爱。蟋蟀小姐故作矜持地跑开了，蟋蟀先生没有放弃，又开始演奏，音乐时而灵动，时而舒缓。蟋蟀小姐终于被感动了，它从生菜后面走了出来，很快，它们就举行完婚礼，准备生儿育女了。

这对夫妻住在了一起，却不幸福，每天都有打架事件发生。蟋蟀先生被打得肢残腿断，它心爱的琴弓也被撕得破破烂烂。啊，可怜的蟋蟀先生几乎快被它的妻子撕碎了。如果它们住在开阔的田野里，估计它就要逃命了。原来，蟋蟀也像蝈蝈一样，有妻子虐待丈夫的习性。

不过，就算幸运的蟋蟀先生能够逃

脱，也还是躲不过死亡的。在六月时，
我网罩中的"囚犯"就全部死掉了。即
使是在野外的蟋蟀，也只有一部分顽强
的家伙能活到九月份，天气一冷，它们
就停止演奏，默默地离开这个世界了。

虫虫冷知识

斗蟋蟀

　　蟋蟀有点喜欢打架，当你把两只雄性蟋蟀放在一起，它们有可能会打起来。不过人们似乎很喜欢看它们打架。我国有一种历史悠久的娱乐方式，就是斗蟋蟀。好多文人都写过这种活动，宋代的陈槱在《负暄野录》中记载过："斗蛩之戏，始于天宝间。"清代的文学家蒲松龄在《聊斋志异·促织》中生动地描写了斗蟋蟀的场景。就算是现在，也有一些人非常爱好收集蟋蟀，专门用来跟别人的蟋蟀"决斗"呢。

蟋蟀的卵

观看蟋蟀产卵很简单，只要有点耐心就行。五月时，我抓来十对蟋蟀养在有盖子的花盆里，只给它们提供莴苣叶，它们就可以快乐地活着，甚至结婚生子。

六月初，我突然发现有一只母蟋蟀一动不动，把尾部插进土里，过了一会儿又拔出来，换个地方继续这样，好久才停下。我知道，这只母蟋蟀正在产卵。我翻开土壤，就看到了这些卵。它们是淡黄色的，垂直排列在土地里，这一块地上估计有五六百只卵。

蟋蟀卵真像是绝妙的小机械。卵产下之后大约半个月，前端出现两个又大又圆的黑黄点，那是蟋蟀的眼睛。在这两个圆点稍高处，有一条细小的环状肉。卵壳将从这儿裂开。我继续观察了一段时间，发现稍稍隆起的肉在不停地变化，出现了一拱就破的一条细线。蟋蟀小婴儿一用力，那条细线就裂开了，蟋蟀小婴儿就这样从里面爬了出来。

刚出生的小蟋蟀浑身灰白色，它为了来到地面上，不停地用大颚拱土，用脚踢土，把松软的土扒拉到身后去。经

guò yì fān nǔ lì　　tā zhōng yú zuān chū tǔ céng　　jiàn dào le
过一番努力，它终于钻出土层，见到了

yáng guāng　　xiàn zài de tā hěn xiǎo hěn xiǎo　　jiù xiàng yì zhī tiào
阳光。现在的它很小很小，就像一只跳

zao　　èr shí sì xiǎo shí hòu　　tā de shēn tǐ biàn chéng le hēi
蚤。二十四小时后，它的身体变成了黑

sè　　zhǐ shì shēn shàng hái yǒu yì quān bái sè de dài zi
色，只是身上还有一圈白色的带子。

xiǎo xī shuài shí fēn mǐn jié　　tā zǒng shì bèng lái bèng
小蟋蟀十分敏捷，它总是蹦来蹦

qù　　shí bù shí dǒu dòng yí xià chù xū　　kuài lè de tàn suǒ
去，时不时抖动一下触须，快乐地探索

我们马上就会
被晒黑了！

着周围的一切。我不知道它们要吃什么，就算给它们莴苣叶，它们也不吃。

不久之后，我那十对大蟋蟀夫妇产下的卵都孵化了，我一下子拥有了五六千只小蟋蟀。可是，我完全不知道这些小家伙喜欢吃什么，要怎么喂养。我决定让大自然来照顾这些小家伙，于是，我把它们全都放到了外面。如果它们都活得很好，明年我的门前会有多么美妙动听的音乐会呀！

　　但令人悲伤的是，可能不会有什么音乐会了。小蟋蟀们一被放生，就成了蚂蚁、壁虎的食物。蚂蚁抓住这些小家伙，咬破它们的肚皮，疯狂地嚼着。蚂蚁家族很庞大，当然不会留下任何一只小蟋蟀的。啊，可恶的蚂蚁！人们都说你勤劳又团结，但在我的眼里，你们这样的行为简直跟强盗一样！由于这些肉食者的疯狂捕食，那些被我放生的小蟋蟀日渐稀少，使我的研究无法继续，我只好跑到别的地方去观察了。

关于蟋蟀的名句

在我国古代的文学作品里，蟋蟀也象征着秋天，因为我国有很多种蟋蟀在初秋开始鸣叫。在夜里吹着凉风，听着它的叫声，人们就知道秋天快来了。

七月在野，八月在宇，九月在户，十月蟋蟀入我床下。

——《诗经·豳（bīn）风·七月》

三更窗外芭蕉影，九月床头蟋蟀声。

——宋·白玉蟾《蟋蟀》

蟋蟀独知秋令早，芭蕉正得雨声多。

——宋·陆游《秋兴》

蟋蟀的演奏

高端的音乐只需要简单的演奏方式，蟋蟀就是这样的，它的"乐器"只是有齿条的琴弓和振动膜。

蟋蟀两只前翅的结构完全相同，就像是人的左右手。它两边的翅上都有一个小震动膜，还有个不平滑的琴弓，上面有150多个三棱锯齿。左右两翅一张一合，相互摩擦，就发出了好听的声音。在法国北方，蝉用嘶哑的歌声赢得了人们的赞誉，不过蟋蟀的琴声比蝉更胜一筹。蟋蟀的乐曲更加清亮，更加细腻，还有抑扬顿挫之分。它会利用翅膀的变化调整声调，时而放声高歌，时而低柔清唱。

蟋蟀的两只前翅一模一样，但蟋蟀都是用右琴弓拉琴的右撇子，右边的翅膀盖着左边的。会不会有聪明的蟋蟀轮着用两边的琴弓呢？通过观察，我发现一只左撇子也没有。我想，既然工具完全一样，那我来教它们一下也完全可以。我把蟋蟀左边的琴弓放在右边翅膀上，一开始还好好的，可是没一会儿，它就自己把位置换了回去；我又试了几次，还是不行。

我想，也许是因为成年蟋蟀的翅膜已经形成了，所以不好改变。如果我从小培养它呢？于是，我找来了蟋蟀的幼虫，等它完成蜕皮之后，我就小心翼翼地给它做了个手术——用草把它的左翅叠在了右翅上方。但是小蟋蟀挣扎了一下，又扳回去了。我耐心地再一次将左前翅挪上来，这次就成功了。接下来，蟋蟀的翅膀按照这种顺序生长着，左前翅终于盖住了右前翅。看来，这只蟋蟀被我改造成了左撇子，接下来我们就等待它的演奏吧！

演奏开始了。我听到几声短促的咯吱声，像是错位的齿轮相互摩擦。但是接下来，这位整形后的左撇子坚持要用

它的右琴弓，尽管左翅已经在上面成型了，蟋蟀还是坚持要把右前翅扳上来，都快把它弄断了。在经历一番痛苦的挣扎之后，它终于把翅膀的位置

恢复了。

　　我既惊讶又惭愧，我本以为自己可以创造出左撇子蟋蟀，可是竟然失败了。我的天真想法，终究抵不过蟋蟀的本能。通过对蟋蟀的观察研究，我才得知，用左边的翅膀来演奏，不利于蟋蟀保持身体的平衡，所以它无论如何都不会这样做。

　　我的失败证明，即使在蟋蟀成年之前就把它的翅膀扳错，到了蟋蟀可以唱歌的年纪，它也一样可以把翅膀纠正到正确的位置上。它始终记得自己的翅膀应该是什么样，不会因为他人的强力改变就忘记。

蟋　蟀

所属家族： 昆虫纲，直翅目，蟋蟀科

分布区域： 世界各地

生殖方式： 卵生

别称： 蛐蛐、将军虫、秋虫、促织

居住地： 草丛、石缝、杂物堆

特征： 身长大于 3 厘米。体色变化较大，多为黄褐色至黑褐色，或为绿色、黄色等；体色均一者较少，多数为杂色。后腿很有力，两条触须很长，开心的时候喜欢"拉琴"

喜欢的食物： 水果、蔬菜、杂草、比自己小的虫子

特长： 拉"小提琴"、隐藏自己、跳跃

第三部分

草地里的
合唱团

在草地里，住着直翅目的小小音乐家：蝈蝈、白额螽斯、蝗虫。从春末到秋初，它们在阳光下快乐地歌唱着，好像完全不知道忧愁。"草地合唱团"的成员们为什么这么快乐呢？读完这部分的内容，你就知道了。

绿色蝈蝈

蝈蝈很漂亮，它体态优美，穿着讲究，披着嫩绿的衣裳，两片大翼薄如轻纱。这漂亮的虫子擅长唱低音，它的发声器官是一个带刮板的小扬琴。蝈蝈的歌声时而暗哑悠长，时而清脆响亮。

六月初，我把一些蝈蝈请到我的金属笼子里。为了好好招待这些小家伙，我在瓦钵底铺上了一层细沙，也在努力寻找它们喜欢吃的东西。根据我对直翅目昆虫的了解，我认为这些家伙是素食主义者。可事实并非如此：我喂它们莴苣叶，它们吃得很少，明显不太满意。那它们爱吃什么呢？一个偶然的机会，我得到了答案。

清晨我出门散步，突然听到刺耳的吱吱声，感觉头顶上有什么东西掉了下来。我一看，是一只蝈蝈抱着蝉滚到了地上，正在啃蝉的肚子。可怜的蝉还在挣扎，可惜无济于事。蝉在树枝上散步的时候，就被蝈蝈盯上了。蝈蝈扑上去抱住蝉，却不小心跟蝉一起滚了下来。在夜晚，这样的悲惨事件会更多，蝈蝈总是在夜里捕杀熟睡的蝉。若是夜深人静的时候，树枝上突然响起蝉的尖叫，那多半是一只蝉惨遭蝈蝈的谋杀了。

于是我用蝉来喂养蝈蝈。它们很开心。它们尤其喜欢蝉的肚子，这里虽然肉不多，但是充满了蝉吮吸来的甜美树汁，味道就像蜜汁牛排。两三个星期间，网罩中到处都是残肢断腿，以及被撕扯下的羽翼和头骨、胸骨，蝉的肚子早就被吃光了。除了蝉，我还给蝈蝈吃过梨，它们也很开心。蝈蝈吃梨的时候不喜欢被打扰，如果有同伴过来抢，它就会把同伴踢开。

这些蝈蝈也有同类相食的癖好。虽然它们相处和睦，从没有打过架，但是某只蝈蝈死了，其他蝈蝈就会把它吃掉，就算自己并不需要食物，它们也照吃不误。蝈蝈十分喜欢吃肉，尤其是带有甜味的肉；但又不是只吃肉，它也吃水果，有时它甚至还吃一点儿草。

蝈蝈白天喜欢休息，特别是在天气很热的时候。吃饱喝足以后，它就用沾着唾液的爪子擦擦脸和眼睛，躺在沙子上睡大觉。太阳下山后，蝈蝈们就开始兴奋起来。它们闹哄哄地来回走动，突然爬上网顶，又急急忙忙跳下来。这时候，我的圆形网罩里到

chù shì shén qíng jī dòng de guō guo
处 是 神 情 激 动 的 蝈 蝈。

虫虫冷知识
CHONGCHONG LENG ZHISHI

田园卫士——蝈蝈

　　蝈蝈是一种爱唱歌的杂食性昆虫，不挑食，很多人都喜欢把它养在家里。不过，它实际上是一种农业益虫，因为比起植物，它更喜欢吃肉。像什么蝗虫、毛虫、黄粉虫等农业害虫，都是它喜欢的美食。在农田里放养一些蝈蝈的话，这些危害庄稼的坏家伙就不敢来了。不过，蝈蝈在某些情况下也会变成农业害虫，比如在养蚕的时候，可一定要提防蝈蝈这个小家伙啊，否则它会把蚕宝宝当成一顿丰盛的大餐。

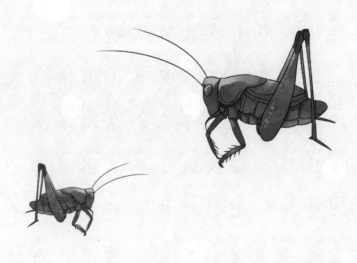

白额螽斯

在我们这里，白额螽斯是知名的帅气歌手。它穿着灰色的衣服，大颚强健有力，脸是象牙色的。盛夏时节，它就在草丛和石子堆里蹦蹦跳跳。

这位歌手不难抓。七月末，我抓了12只白额螽斯，养在金属网罩里。它们爱吃什么？我找遍了荒石园里那些最鲜嫩的植物，比如莴苣、菊苣的叶子，这可是蝗虫最爱的东西。可是，白额螽斯碰都不碰这些美食，显然它们不爱吃这些。我又找到一些禾本科的植物，结果一样。它们无论如何也不碰植物的叶子，但是很喜欢吃这些植物还没长成的嫩种子和秆。我给它们采了半熟的谷子、车前子，它们也都吃得很开心。

这些种子只是它们喜欢的食物之一，它们其实是肉食动物。我给它们提供了一些蝗虫，它们很喜欢。它们最爱吃的是蓝翅蝗虫。这些野味一放进网罩里，白额螽斯就兴奋起来。它们的身体很笨重，抓不住那些跳到罩子上的蝗虫；不过白额螽斯很有耐心，它们会等蝗虫体力不支掉下来的时候，一把抓住它，然后咬断它脖子上的神经，再开始吃。咬断神经是很有必要的，因为蝗虫的生命力很顽强，即使被咬掉了脑袋，也还会挣扎一会儿。白额螽斯饭量很大，一天要吃好几只蝗虫。除了肉食，它们还要吃一些草籽。这么看来，它可以当农民的好帮手，帮助农民消灭田地

哪里跑！

里的蝗虫，以及一些杂草的种子。

吃饱喝足之后，白额螽斯喜欢晒着太阳午睡。在夏天的下午，雄性白额螽斯会"蒂克——蒂克——"地唱起歌来，这表示它们很开心。

到了七月末，白额螽斯就开始举行婚礼了。在婚礼上，白额螽斯先生不再唱歌，只是跟它的新娘面对面聚在一起，用触角抚摸对方。婚礼过后，白额螽斯先生不会被吃掉，它可以继续自由自在地唱歌，剩下的事情都交给它的妻子来做。那么白额螽斯妈妈怎么产卵呢？它会把产卵器插进土里，把卵产在地下。神奇的是，螽斯的卵就像种子一样，在湿润的环境下才会孵化。如果我

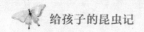

xiǎng dé dào xiǎo zhōng sī　　wǒ jiù děi gěi zhè piàn shā tǔ jiāo
想 得 到 小 螽 斯 ， 我 就 得 给 这 片 沙 土 浇

jiao shuǐ
浇 水 。

　　　　yòu guò le liǎng zhōu　　bái é zhōng sī bà ba zài jiǎo luò
　　又 过 了 两 周 ， 白 额 螽 斯 爸 爸 在 角 落

lǐ màn màn sǐ qù le　　zài zhè ge shí hou　　　bái é zhōng sī
里 慢 慢 死 去 了 。 在 这 个 时 候 ， 白 额 螽 斯

mā ma lái chī le tā yì tiáo tuǐ　　dà bù fen zhōng sī dōu shì
妈 妈 来 吃 了 它 一 条 腿 。 大 部 分 螽 斯 都 是

zhè yàng　　zài tóng bàn sǐ qù zhī hòu　　tā men huì bǎ tóng bàn
这 样 ， 在 同 伴 死 去 之 后 ， 它 们 会 把 同 伴

de shī tǐ gěi chī diào
的 尸 体 给 吃 掉 。

《诗经》里的螽斯

在《诗经》中，有一首祝贺新婚的诗，里面的主角就是螽斯。因为螽斯能产很多卵，而且会高兴地歌唱，所以古人希望新婚的家庭未来像螽斯家族一样庞大，并且生活得幸福快乐。

诗经 · 周南 · 螽斯

螽斯羽，诜（shēn）诜兮。宜尔子孙，振振兮。

螽斯羽，薨（hōng）薨兮。宜尔子孙，绳绳兮。

螽斯羽，揖揖兮。宜尔子孙，蛰蛰兮。

白额螽斯怎样唱歌

会唱歌的昆虫有哪些？现在，只有半翅目、直翅目的家族里才有会唱歌的昆虫明星。

白额螽斯当然也会唱歌，它的歌声变化多端，时而清脆又欢快，时而尖锐高亢，有时还会哼唱一些低音小调。它一唱起歌来，连续几个小时都不会停。

白额螽斯是怎么唱歌的？书上说它有薄膜一样的发声器，可是没有详细介绍这种发声器的工作原理。现在，我必须亲自去观察，也许白额螽斯会自己开口告诉我答案。

在白额螽斯的后背上，有一片三角形的凹陷，这里就是它的发音区。这里有个叫镜膜的椭圆形薄片，闪闪发光，看起来就像一面镜子。神奇的是，我们不用去敲击它，它就能发出响声。这是为什么呢？原来螽斯在唱歌的时候，身体和翅膀的震动能传到镜膜上，镜膜就发出了声音。

那么，它的身体和翅膀又是怎么发出声音的？原来，镜膜的边缘伸出一个圆圆的大齿，延长到翅膀上。这个大齿的末端有一条很粗的褶皱，叫作摩擦脉。在另一边，还有一条纺锤形的肌肉，用放大镜看，还会看见上面有密密麻麻的齿，大概有80个。原来，这是一条琴弓。蝈斯只要把摩擦脉搭在这条琴弓上滑动几下，就会唱出优美的歌。

所有的蝈斯都有这样的乐器，就连

我们熟悉的绿色蝈蝈也不例外。蝈蝈的叫声是"唧唧"的，声音很轻柔，像是纺车摇动的声音。白额螽斯的歌声比较响亮，有时候是"蒂克——蒂克——"的声音，有时候是快速的"弗鲁弗鲁"声。葡萄树距螽的歌声最响，也最特别，它的声音是"戚依依——戚依依——"，比白额螽斯的歌声传得更远。更妙的是，大部分螽斯都只有雄性会唱歌，而葡萄树距螽无论雌雄，都会唱歌。

　　螽斯的歌声有什么用呢？是为了吸引异性吗？不完全是，因为螽斯在婚礼结束后，依然会找个角落高声放歌。它们只有在高兴的时候才会唱歌，一旦平静的生活被惊扰，它们就收起乐器，不再发出声音。螽斯是能感知快乐的昆虫，而且还会用歌声表达心情。它们唱歌时的心情，就像傍晚时走在下班路上的那些工人，它在欢庆生活，唱歌是它的乐趣。

　　总之，不可以小看螽斯身上那带着齿条的扬琴，它使草坪充满生机，用琴声向周围的同类发出邀请，表达了自己的快乐，也代表了它生命中繁花似锦的最后时光。它那清脆的琴声，几乎就是它的话语。

螽斯里的"夜猫子"

不知道你有没有听说过一种有名的虫子——纺织娘，它总是在秋夜里鸣叫，叫声像是在摇纺车。这家伙虽然叫纺织娘，但其实只有雄性的纺织娘才会发声，雌性的都是哑巴。而且，这种喜欢熬夜开音乐会的家伙，也是一种螽斯。它的脑袋小小的，肚子窄窄的，翅膀却很大。跟别的螽斯相比，它更喜欢吃蔬菜和水果。纺织娘也是文人墨客喜爱的明星昆虫，自古以来的文人都喜欢用它比喻秋天和淡淡的悲伤情绪，还给它起了一些有趣的名字，比如"莎鸡""络纬"。

蝗虫如何表达快乐

蝗虫是一种惹人喜爱的小昆虫，它有漂亮的红色翅膀和有力的后腿，跳起来的样子很有趣。试问哪个小孩子不喜欢抓蝗虫？谁小时候没有抓过蝗虫呢？

这天，天气很好，我带着我的小助手们来抓蝗虫了。小保尔观察力很强，身手也很敏捷，他很善于发现那些藏在草丛里的蝗虫，并且总能抓住它们。玛丽·波利娜年龄小些，她喜欢抓漂亮的小蝗虫，比如那种背上带着两条白色斜线的绿色蝗虫，她的纸袋子里已经有很多了。我的小助手们很能干，在中午之前，我们就收获了各种各样的的蝗虫。

我将这些小家伙养了起来，它们可能会告诉我很多秘密。大家都认为蝗虫是十恶不赦的大害虫，会带来蝗灾，但我觉得事情并非完全如此。在正常情况下，我们常见的蝗虫只会吃一些菜叶、草之类的东西，胃口不大。但是，我们喜欢吃的火鸡，每年要吃很多蝗虫；一些唱歌动听的鸟儿，也喜欢吃蝗虫。所以，不能因为一种昆虫是害虫，就完全否定它的作用。

这种深受鸟类喜爱的昆虫，高兴的时候喜欢唱歌。有一天太阳很好，我的蝗虫们都吃得饱饱的，躺在笼子里晒太阳。突然，有只蝗虫发出了一种轻微的声音，我要仔细听才能听见。这种声音不太好听，因为蝗虫没有蟋蟀那样的小

提琴。它是怎么发声的呢？原来，它只是抬起了自己的后腿，用力地摩擦前翅。它在吃饱喝足、没有危险的情况下就会这样做，像是在说"我很快乐"。

当然也有的蝗虫并不会这样。长鼻蝗虫就不会发出声音，无论阳光多好，它也不会唱歌。灰蝗虫也是闷葫芦一个，但它一高兴起来，就在迷迭香上扑扇翅膀。还有红股秃蝗，它没有前翅，只有粗粗的后腿，就像没长大的若虫，根本发不出声音。不过我认为，这家伙一定有自己表达快乐的方式。

至于红股秃蝗为什么没有翅膀，我也不知道。它好像完全不介意这件事，也不会羡慕那些有翅膀的同伴。是不是

yīn wèi tā zhù zài shān shàng　suǒ yǐ bù xū yào zhǎng chū chì

因为它住在山上，所以不需要长出翅

bǎng　yě bú shì　yīn wèi zhè lǐ yě yǒu dài chì bǎng de huáng

膀？也不是，因为这里也有带翅膀的蝗

chóng　zhè ge wèn tí de dá àn shì shén me　wǒ yě bù

虫。这个问题的答案是什么？我也不

zhī dào

知道。

虫虫冷知识

可怕的蝗灾

　　蝗虫是植食性的，所以会吃农民伯伯种的各种农作物。平时它们东一口、西一口的，倒是不会有什么影响，最多就是把叶子吃出缺口。但是它们聚在一起，就形成了蝗灾。蝗灾是很可怕的，成群的蝗虫会把所有它们能吃的植物吃成光秆，包括我们种的庄稼和果蔬。不过也不是所有的蝗虫都会造成蝗灾的，蝗灾的罪魁祸首主要是飞蝗，它们善于飞行，可以进行远距离的迁徙，而且边走边吃。现在，我们有了很多种方法对付蝗灾，比如在蝗虫密集的地方放出大量的鸡、鸭子等喜欢吃虫子的禽类，或者投放一些药物。

蝗虫产卵

蝗虫会干什么呢？它好像没什么特殊的技能，而且一片生菜叶就能把它喂饱。不过，它的繁殖过程值得我们观察。

蝗虫的婚礼没什么特别的，值得一提的是蝗虫产卵的过程。我是在八月时，观察到我养的那些意大利蝗虫产卵的情况的。它们喜欢在阳光明媚的中午产卵，蝗虫妈妈总是把产卵地点选在网罩边缘，因为这样它就可以抓着网罩支撑身体。选好地点之后，蝗虫妈妈就使劲地把自己的肚子插进沙子里。这个过程很费力，因为蝗虫妈妈的尾巴上没有钻孔器。在产卵时，蝗虫妈妈的肚子微微抖动，显然是在用力。蝗虫爸爸就在旁边，它负责给蝗虫妈妈放哨，时不时也会好奇地看看蝗虫妈妈。有时，几只还没有开始产卵的蝗虫妈妈也会过来看看，它们可能在对自己说："下一个就是我了。"

40分钟后，蝗虫妈妈就从土里挣脱出来，跳开了，一点也不在乎自己的卵。不过有些蝗虫不会这样，它们在产卵结束后，会用后腿扫一点土盖在卵上。从外面看，一点也看不出那些土的下面还有卵。之后，蝗虫妈妈会发出一些微弱的声音，像是在庆祝自己产卵成功。

蝗虫的卵在地下三四厘米的地方，我挖开泥土，就发现了它们。产卵洞前面有一层泡沫形成的囊，就像螳螂的泡沫囊一样，这个囊在以后会形成小蝗虫

可真累啊！

的出土通道。每个洞里有20～40个的卵，这些卵小小的，颜色很好看。有些蝗虫的卵是橘红色的，还有些是深红色的。黑面小车蝗虫的卵上，还点缀着小小的斑点。红股秃蝗的卵也很漂亮，深红色的卵上点缀着黑色的小花边。不要担心蝗虫的后代不够多，因为每只蝗虫都会在好几个洞里产卵。

蝗虫什么时候孵化呢？有些孵化很早的蝗虫，十月份就出生了。不过，大部分蝗虫卵囊都要在地下过冬，春天才出生。经过一个冬天，土地变成了硬硬的一层，小蝗虫要怎么出来呢？它们先走过泡沫通道，再用颈部的囊泡撞击上面的土层，直到把土层撞开。这个过程是非常艰辛的，我观察发现，一只小蝗虫需要撞击一个多小时，才能前进1毫米。所以，小蝗虫们要在地下劳动好多天，才能见到温暖的阳光。

终于，小蝗虫出来了，它们先脱掉婴儿时期穿的破衣服，模样就变得跟大蝗虫很像了。它们在阳光下伸伸后腿，美美地晒一会儿太阳，然后才去找东西吃。

虫虫冷知识
CHONGCHONG LENG ZHISHI

蝗虫怎样吃东西

蝗虫喜欢吃植物，需要用啃食和咀嚼的方式进食。它的口器是咀嚼式口器，主要由上唇、上颚、下颚、下唇和舌五个部分组成。如果你抓一只蝗虫放在手里，它可能会用嘴巴轻轻地去啃你的手。

蝗虫的变身魔术

我刚刚看到一件不得了的事情：一只蝗虫的蜕皮过程。

我观察的是一只灰蝗虫，它长得很大，身体有一指长，所以比别的蝗虫更容易观察。灰蝗虫的幼虫胖乎乎的，就像个缩小版的成年蝗虫，有些是嫩绿色，还有些已经变成了灰色。

幼虫在蜕变之后可以用后腿把自己挂在一个地方，前腿交叉抱在胸前。这个时候，在它的后背会出现一条裂缝，这说明蜕皮开始了。这条裂缝越来越长，会一直向蝗虫的头和腹部延伸，随后，蝗虫的后背就从这个裂缝里拱了出来。先是后背和翅膀，然后是头部，最后是它的腿。现在，外壳被扔在原地，上面一点褶皱也没有，除了那条裂缝，也没有其他的破损。

我注意到，蝗虫那细细长长的触角，还有那布满锯齿的后腿，都十分顺利地从壳里抽了出来，并且触角没有被折断，后腿也没有把外壳划破。这是为什么呢？外壳是很软的，而蝗虫的后腿全是尖尖的锯齿，就算十分小心，也很有可能划破外壳。我又找来一些蜕皮的

xiǎo huáng chóng guān chá yǒu le jīng rén de fā xiàn yuán lái
小蝗虫观察，有了惊人的发现。原来，

huáng chóng de hòu tuǐ bāo zài wài ké lǐ de shí hou zhǐ shì hěn
蝗虫的后腿包在外壳里的时候，只是很

ruǎn hěn ruǎn de jiāo zhuàng wù shèn zhì kě yǐ liú dòng zhǐ yǒu
软很软的胶状物，甚至可以流动。只有

zài jiē chù kōng qì zhī hòu cái huì xíng chéng xīn de wài ké
在接触空气之后，才会形成新的外壳，

变成硬硬的锯子，触角也是这样的。

最妙的是蝗虫的翅膀。刚从外壳里出来的新翅膀小小的，就像两团皱巴巴的线头。可是没过多久，这线头就舒展开了，并且成了一对漂亮的大翅膀。仔细观察就会发现，上面还带着清晰的网格。这翅膀难道也跟后腿一样，是出壳后才生长的吗？不是的，我特意剪下一块"线头"，用显微镜观察，发现它就是被团成一团的翅膀，如果把它展开，会发现上面还有纹路。那些纹路是一些细细的管道，当蝗虫的体液流进管道，翅膀就被撑开了。

生命诞生和变化的过程十分神奇，但是不容易被人观察到。像种子的发芽过程和花朵的绽放过程，都是那样的缓慢，如果没有持之以恒的精神，很难发现它们是怎么变化的。如果你实在很好奇，那就来观察一下蝗虫的蜕变吧，一只蝗虫的蜕变全过程只要三四个小时。不过你可要专心一些，因为一旦走神，就会错过一个重要的瞬间。

虫虫冷知识

不完全变态昆虫

我们都知道，完全变态昆虫的发育要经过好几个阶段，它们通常先孵化成软乎乎的幼虫，等生长一段时间后再变成蛹，最后才变成成虫；而且成虫和幼虫的差别非常大，简直就像两个物种。不过，直翅目的昆虫不会这样，它们幼虫时期和成虫时期的身体结构差别不大，身上都披着一层硬硬的外骨骼，要想长大的话，就得先进行蜕皮，把身上的外骨骼脱掉。除了蝗虫、螽斯和蟋蟀，不完全变态昆虫还有蜻蜓、蝽象等。

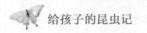

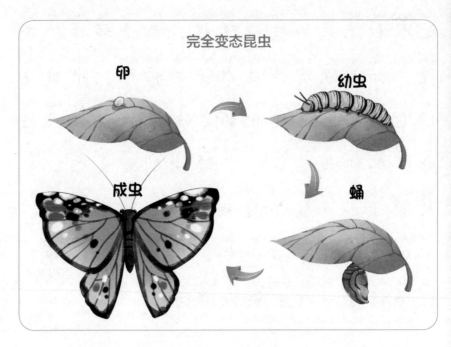

完全变态昆虫

卵

幼虫

成虫

蛹

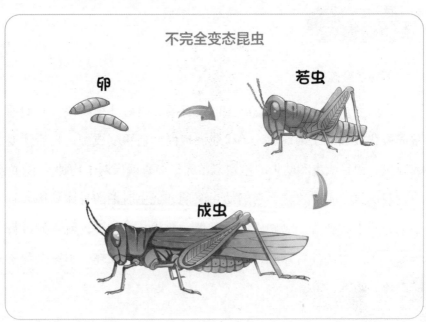

不完全变态昆虫

卵

若虫

成虫

第四部分

美丽的虫虫
舞蹈家

　　在春天的花丛里，飞舞着很多美丽的蝴蝶，有五颜六色的大孔雀蝶，也有洁白可爱的菜粉蝶。看到这些蝴蝶时，你是不是很想把它们抓住？蝴蝶飞起来的时候摇摇摆摆，就像一位美丽的舞蹈家在跳舞。

大孔雀蝶之夜

大孔雀蝶很漂亮。它们穿着栗色的天鹅绒外套，翅膀中间有一个圆形的斑点，就像一只眼睛，"眼睛"周围是一圈五彩斑斓的圆环。此外，大孔雀蝶的翅膀上还布满了灰色和褐色的斑点。某一天，我抓了一只雌性大孔雀蝶，关在了实验室的网罩里。

那天晚上快九点的时候，我的家人都睡了。可是我的儿子保尔却在房间里又蹦又跳，还兴奋地大喊："好多蝴蝶呀！"

我急忙去了他的房间，眼前的景象让我大吃一惊。有一些大蝴蝶在他的屋里飞舞着，不肯离开。我想到了白天抓的那只蝴蝶，就带着小保尔去了实验室。实验室里的场景更加壮观，这里有更多的大孔雀蝶，它们盘旋在网罩附近，让我的实验室看起来就像巫师的魔窟。这些大孔雀蝶有时会抓我们的袖子，还扑灭了我们的蜡烛。算上刚才在小保尔房间里看到的，还有路上遇到的，我们的家里一共飞来了四十多只大孔雀蝶。

这真是一场令人难忘的晚会啊！它们是飞来向这只雌蝶求爱的，然而它们怎么知道这里有雌蝶？我通过观察发现，它们每天都在八点到十点之间飞来。我家周围环绕着各种树木，就像被树木屏障包围了，大孔雀蝶竟然也能找到我家来。不过大孔雀蝶大概只知道雌蝶的大致方位，因为它们有些飞到了保尔的房间，有些飞去了厨房。大孔雀蝶怎么得到的信息？我们需要做个实验来

yàn zhèng yí xià
验证一下。

wǒ bǎ jǐ zhī dà kǒng què dié de chù jiǎo jiǎn diào yòu
我把几只大孔雀蝶的触角剪掉，又

bǎ cí dié huàn le gè wèi zhì zhǐ yǒu yì zhī bèi jiǎn diào chù
把雌蝶换了个位置。只有一只被剪掉触

jiǎo de dà kǒng què dié zhǎo dào le cí dié qí yú de dōu sǐ
角的大孔雀蝶找到了雌蝶，其余的都死

qù le wǒ yòu zhǎo lái yì xiē dà
去了。我又找来一些大

kǒng què dié bìng jiǎn diào tā men de xiōng
孔雀蝶并剪掉它们的胸

máo zhè xiē méi yǒu xiōng máo de jiā
毛，这些没有胸毛的家

伙也很快死去了，只有两只找到了雌蝶。可是后来我发现，所有的雄性大孔雀蝶寿命都很短，健全的大孔雀蝶也会很快死去。因为它们似乎只知道寻找雌蝶，不懂得进食，也感觉不到饥饿，在体力消耗完之后，就只好死去了。

我猜大孔雀蝶的嗅觉很敏锐，可以从很远的地方闻到雌蝶散发出的气味。如果我用更强烈的气味盖住雌蝶的气味，会怎样呢？于是我在网罩里放了萘，这种东西的味道很强烈。可是，大孔雀蝶还是来了。

我的雌蝶只活了八天，但我的实验还没完成，我想我需要找另外一种跟它很相似的蝴蝶继续研究。要怎样才能找到呢？

蝴蝶吃什么

不是所有的蝴蝶都跟大孔雀蝶一样，不吃东西，很多蝴蝶是需要进食的。蝴蝶的口器像一根吸管，长得很长，不用的时候就卷起来，需要进食的时候再伸长。蝴蝶喜欢的食物是液体的，比如花蜜、果汁等，偶尔也喝露水。蝴蝶在花朵上飞来飞去，是为了寻找食物，不过在这个过程中，它也把花粉粘在身上，无意中帮助植物传粉了。

小阔条纹蝶

我找到这种蝴蝶了。一个给我们家送蔬菜的七岁小男孩，给我带来了一个漂亮的茧。它很坚硬，是浅黄褐色的。我猜这是一只小阔条纹蝶的茧，我可以继续我的研究了。

据说这种蝴蝶很奇特，书上说，即使把雌蝶关在城市中的某个房子里，再把它用小盒子扣住，它的追求者们也会从遥远的田野、草原、山丘间飞过来找它。它还有另一个名字，叫布带小修士。因为雄性的小阔条纹蝶穿着一件棕红色的天鹅绒长袍，前面的翅膀上有白色的圆点，就像个小修士。在我的荒石园中，从来没出现过这样的蝴蝶，那个小男孩也没有再给我弄来第二个茧，它在我们这一带不常见。

八月二十日，一只雌蝶从茧中出来了。它长得胖嘟嘟的，肚子很大，穿着米色的长袍，其他的地方跟雄蝶没有区别。我把它用网罩罩起来，放在我的实验室里，那也是大孔雀蝶待过的地方。

三天后，这只雌蝶成熟了，我的实验室也热闹起来了。一大片的雄性小阔条纹蝶飞来，大概有六十只。太阳落山的时候，有一些飞走了，没有再回来。本来我想继续实验的，可我犯了个错误——我把一只刚抓到的小螳螂放进了雌蝶的笼子里，小螳螂竟然把巨大的雌蝶给吃掉了。

三年后，我才重新得到一只珍贵的茧，并且重新开始实验。我先让雌蝶在网罩里住了一阵子，之后把它转移到了玻璃罩子里。第二天雄蝶再次造访时，仿佛没看到玻璃罩里面的雌蝶，它们纷纷冲向雌蝶待过的那个网罩。我大概知道了，原来它们很有可能是靠气味寻找伴侣。为了验证这个结论，我让雌蝶在一根细树枝上待了很久，然后把这根树枝放在窗前。没多久，一群雄蝶就飞来了，围着树枝打转，怎么也不肯离开，谁也没有注意到角落里的雌蝶。

我从随后的实验中得知，任何被雌蝶接触过的东西，都会吸引雄蝶。每当气味消失，这些雄蝶也会飞走。在坚硬的材质比如铁、木头上，气味很快就会

消散掉，而那些柔软又多孔的棉花、沙子和绒布，都能吸收雌蝶留下的物质，并且很久才会挥发完。可是，雌蝶留下的物质，用肉眼完全看不到，这究竟是什么？为什么雄蝶能在很远的地方闻到它？我也不知道。

虫虫冷知识

神奇的信息素

为什么大孔雀蝶先生和小阔条纹蝶先生能找到美丽的蝴蝶女士呢？这是因为蝴蝶女士释放了一种叫"信息素"的东西。这种东西很神奇，我们看不见它，甚至也闻不到它，但它可以传播到很远的地方，吸引蝴蝶先生千里迢迢地跑过来，很多蝴蝶和蛾都是依靠信息素来寻找配偶的。更厉害的是，信息素还能帮助我们消灭农业害虫呢！比如毛毛虫喜欢吃某种作物的叶子，而它的成虫蝴蝶却不会，人类可以放出类似雌性蝴蝶信息素的物质，引诱大批的雄性蝴蝶来到这里，再消灭它们。这样，它们就无法生出下一代有害的幼虫了。

松毛虫大家族
sōng máo chóng dà jiā zú

初冬来临，松毛虫开始盖房子了。
chū dōng lái lín　　sōng máo chóng kāi shǐ gài fáng zi le

它们在松树的树梢上停下来，用松针和
tā men zài sōng shù de shù shāo shàng tíng xià lái　yòng sōng zhēn hé

自己吐的丝盖房子。
zì jǐ tǔ de sī gài fáng zi

松毛虫的房子可宽敞了，它的丝屋
sōng máo chóng de fáng zi kě kuān chang le　　tā de sī wū

呈卵形，最下方包裹着支撑房屋的松枝
chéng luǎn xíng　　zuì xià fāng bāo guǒ zhe zhī chēng fáng wū de sōng zhī

梢。每个天气好的晚上，松毛虫都成群
shāo　　měi gè tiān qì hǎo de wǎn shang　　sōng máo chóng dōu chéng qún

结队地走出丝屋，在树梢上散步。然后
jié duì de zǒu chū sī wū　　zài shù shāo shàng sàn bù　　rán hòu

各自去享用美味的松针晚餐。不用担心
gè zì qù xiǎng yòng měi wèi de sōng zhēn wǎn cān　　bú yòng dān xīn

它们迷路，因为它们一边走一边吐丝做
tā men mí lù　　yīn wèi tā men yì biān zǒu yì biān tǔ sī zuò

91

记号，回家的时候只要沿着丝走就好了。

可是，这些家伙难道知道冬天很冷吗？应该不是，因为它们没有经历过严寒。然而它们认认真真地加固住所，似乎天生就对寒冷十分警惕。丝屋的中央有个圆顶小屋，屋顶上半开着一些圆孔，这些就是毛虫进出的门洞。白色大壳的四周，围着很多完好无损的松针，它们是一些厚厚的围墙。每天上午，松毛虫就离开丝屋，出门晒日光浴，一直睡到太阳下山才慵懒地散开。

我用剪刀把它们的小窝刮开，现在让我们参观一下它们的房间吧。围墙上的松针完好无损，丝毫没有被啃咬的痕

jì 迹。zhè xiē sōng zhēn shì zhù suǒ de zhī chēng wù 这些松针是住所的支撑物，yí dàn shòu 一旦受

sǔn hěn kuài jiù huì gān kū 损很快就会干枯，suǒ yǐ sōng máo chóng jué duì bú huì 所以松毛虫绝对不会

qù kěn tā men 去啃它们。jí shǐ tiān qì è liè shí 即使天气恶劣时，sōng máo chóng men 松毛虫们

kuài è sǐ le 快饿死了，yě bú huì dǎ zhè xiē fáng liáng de zhǔ yi 也不会打这些房梁的主意。

我通过观察发现，不同的松毛虫窝大小差别非常大，为什么呢？一个虫蛾母亲能一次产下300个卵，如果这些卵都能够顺利成长，就需要大房子。冬天时，它们就要着手修建过冬的住所了，兄弟姐妹越多越好，集体的力量是巨大的。

那么，松毛虫对外来的客人友好吗？我为一窝松毛虫搬了家，把它们搬到了另一窝松毛虫附近。不过它们相处和睦，大家都用安详的姿态静静地享用鲜嫩的绿叶，吃饱了就像往常一样回家，就像相处多年的亲兄弟姐妹一样。

松毛虫是有分享精神的昆虫，食物是可以分享的，房屋也是可以分享的。松针是它们的最爱，不过每只松毛虫都可以享用；它们的家可以遮风挡雨，就算满员了也会欢迎新加入的同胞；当它们误入别人的小屋，也会受到主人的友好款待。

松毛虫是有奉献精神的昆虫，它们似乎深知团结的力量。跟其他昆虫相比，松毛虫的世界多么和谐、多么平等啊！

我想，它们这样慷慨又团结的原因可能是不缺食物。它们不需要像肉食昆虫那样四处奔波，辛苦地捕猎食物。对它们来说，可口的松针那么多，不会因为谁多吃一口，就让别的松毛虫饿肚子，所以大家一起吃也是完全可以的。

虫虫冷知识
CHONGCHONG LENG ZHISHI

那些好玩的毛毛虫

有些毛毛虫长得非常有趣，比如夹竹桃天蛾幼虫，它是黄绿色的，身上有两块黑色的花纹，就像两只大眼睛。这让它看起来就像个外星人，更像电影里的蜘蛛侠。最可爱的要数稻眉眼蝶的幼虫，它长了一张可爱的猫脸，简直是"猫猫虫"。还有的毛毛虫头上长满了小角，像怪兽。

蓑蛾建筑家

春季来临的时候，你可能会看到一些奇怪的景象——原本静止着的某个小柴捆突然晃动起来。我们可以看到在柴捆里面有一条黑白色的小毛虫，这些钻在柴捆里面的小毛虫是蓑蛾家族的成员。

这些柴捆是蓑蛾幼虫给自己盖的房子。它吐出一些丝，把搜集到的小木棍固定住，然后自己躲在里面。像蜗牛一样，它走到哪里，就把木棍房子背到哪里。

我抓来一些蓑蛾毛虫，到了六月末，这种毛虫就蜕变了。雄蛾孵出来后，它的茧壳会留在柴捆中。毛虫蜕变时，会把柴捆的前段固定在支撑物上。然后毛虫会将自己的身体完全掉转，等到蜕变完成之后，小蓑蛾只能从柴捆后面飞出去。

小蓑蛾在钟形网罩里四处飞舞，玩得十分尽兴。它们时而将翅膀扇动，划过地面；时而又兴冲冲地绕着网罩转圈。它们的外表都不华丽，灰灰白白，翅膀非常小。不过雄性小蓑蛾的羽翼并不难看，它的翅膀的边缘是丝状流苏穗子，触角上是非常美丽的羽毛饰物。可是雌性蓑蛾就不一样了，它的样子简直连初生的毛虫都不如。雌性蓑蛾连翅膀都没有，也缺少了丝质毛皮。只是在它的腹尖处有个环形的软垫子，还有个白色的天鹅绒环圈。在蓑蛾的身上还有

一些长方形的斑点，这些就是雌性蓑蛾仅有的装饰品。

雄性蓑蛾和雌性蓑蛾交配之后，就飞走了。这时，雌性蓑蛾会在自己留下的柴捆和蛹壳里产卵。它那圆鼓鼓的身体里装满了卵，当它把卵产完，它的身体会变得瘪瘪的，就快要死了。蓑蛾妈妈死之前，会把自己的天鹅绒环留给孩子们，好让它们有一张柔软的床。通过观察，我发现有些蓑蛾妈妈甚至会亲自拔掉自己身上的绒毛，好留给孩子们做衣服。

卵孵化了，小家伙们纷纷抢夺母亲留下来的柴屋，有一些小蓑蛾径直走进一根中空的小树枝内，它们想收集里面的纤维。蓑蛾幼虫的大颚就像一把锋利的剪刀，每一边都有五颗强劲的牙齿。它们甚至能够将纤维拔起来。小蓑蛾还善于从自己已经死去的母亲的衣服中搜集材料，然后为自己量身定做一件新衣。

虫虫冷知识
CHONGCHONG LENG ZHISHI

会"喝"毛毛虫的蝴蝶

正常情况下，蝴蝶是素食动物，但在印度尼西亚有一种斑蝶会吸食毛毛虫。它们会把毛毛虫的身体划破，然后把吸管插进毛毛虫的身体里，吮吸里面的汁液。科学家经过研究发现，只有雄性蝴蝶会吸食毛毛虫，因为毛毛虫体内有一种特殊的物质，可以帮助雄性蝴蝶吸引伴侣。这是什么神奇的物质呢？它来自毛毛虫爱吃的一种植物，有时斑蝶也会去吸食这种植物叶子的汁液。在寻找叶子的过程中，如果雄性斑蝶遇到一只倒霉的毛毛虫，就会顺便把这只毛毛虫给"喝"掉。

灯　蛾

　　灯蛾是一种很漂亮的蛾，它长得小小的，翅膀雪白雪白的，胸部有触角一样的羽饰，肚子上有黄色圆环。它还很喜欢灯光，到了晚上，它会在灯的四周翻飞。

　　不过，它的幼虫可不是什么好虫子。灯蛾喜欢在覆盆子树的树叶上产卵，它的幼虫是伤害覆盆子树的"凶手"。灯蛾幼虫在九月孵化，是一种毛虫。刚孵化的幼虫很娇弱，它只能吃叶片的正面，因为这部分的口感比较细嫩。覆盆子树叶的背面长着叶脉和一些茸毛，幼虫咬不动它们。吃完一片叶子，它们会沿着树枝前进，爬向另一片叶子继续吃。最可怕的是，灯蛾产的卵数量很多，总有无数条幼虫孵出来，几乎能把覆盆子树叶全都吃光。

正面被幼虫啃光的树叶，会慢慢风干，变成一个一个的小卷。到了天气寒冷的十一月，幼虫们会停止进食，然后用这些树叶建造一个小房子，在里面度过寒冷的冬天。这样的小屋是怎么建造的呢？原来，灯蛾幼

chóng huì xiān tǔ chū yì tiáo xì xì de sī ràng tā suí fēng piāo
虫 会 先 吐 出 一 条 细 细 的 丝 ， 让 它 随 风 飘

dàng chán zhù fù jìn de shù yè dēng é yòu chóng jiù zhè yàng
荡 ， 缠 住 附 近 的 树 叶 。 灯 蛾 幼 虫 就 这 样

bú duàn de tǔ sī chán shù yè zuì hòu dā jiàn chū le yì
不 断 地 吐 丝 、 缠 树 叶 ， 最 后 搭 建 出 了 一

jiān wēn nuǎn yòu láo gù de shù yè xiǎo fáng zi zhěng gè dōng tiān
间 温 暖 又 牢 固 的 树 叶 小 房 子 。 整 个 冬 天

孩子们加油吃！

它都躲在小房子里，哪怕外面又冷又潮湿，它也完全不怕。

到了来年三月，这些灯蛾幼虫又苏醒了，现在它们发育成熟了很多，大颚变得更锋利了。它们会吃掉整片树叶，把覆盆子树吃得光秃秃的。成熟的灯蛾幼虫长相很别致，它有3厘米长，皮肤是黑色的，背上有两串橘黄色的斑点，毛是灰色的，腹部的前两个环节和倒数第三个环节上，还有丝绒一样的小点。最妙的是，它的背部中央有一对红色的小东西，看起来就像两个小酒杯，里面或许装着它们的信息素。此时的灯蛾幼虫很危险，如果你不小心碰到它的身体，你的手指就会被刺得又痒又痛。我们这里的农妇和樵夫都十分讨厌这些家伙，每次遇到它们，他们都会破口大骂。因为灯蛾幼虫让农妇无法制作美味的覆盆子酱，还让砍伐覆盆子残枝的樵夫浑身发痒。

　　六月时，灯蛾幼虫就快要成熟了。它们纷纷爬下覆盆子树，在干枯的树叶之间结茧。它们的茧看起来有点脏兮兮的，因为里面会掺着一些幼虫的毛。一个月后，灯蛾就从茧里出来了。

虫虫冷知识
CHONGCHONG LENG ZHISHI

红缘灯蛾

　　红缘灯蛾是我国的一种"知名害虫"，它的成虫很漂亮，白色的翅膀上有一条红色的边。不过，它的幼虫一点也不可爱，浑身是毛，还喜欢吃重要的农作物。红缘灯蛾的幼虫不挑食，玉米、苹果树、棉花、大豆，它都很喜欢吃，而且不光吃叶子，连嫩茎和花也不会放过。这家伙分布在海拔低的地方，住在华北平原地区的小朋友或许还见过它呢。它的幼虫刚孵化出来的时候，喜欢聚在一起干坏事，等它们长大一点，又会分散到四面八方，分头行动。在幼虫期，它身手敏捷，爬得很快；可到了成虫期，它虽然有翅膀却飞得很慢。红缘灯蛾也喜欢光，如果你在夏天的夜晚去田野里点起一盏灯，说不定能把它吸引过来。

菜青虫和粉蝶

甘蓝是一种古老的蔬菜，先是被人类发现并食用，随后一些小昆虫也爱上了它，比如粉蝶的幼虫——菜青虫。

粉蝶就是很普通的白色小蝴蝶，或许你可以在菜园、公园里见到它们的身影。它的幼虫是菜青虫，长得圆滚滚的，全身呈草绿色。据我观察，菜青虫非常喜爱十字花科的植物，它们总是聚集在甘蓝、芝麻菜、芥菜的叶子上。当我给它们喂蚕豆叶、莴苣、豌豆叶时，它们却表示出强烈的拒绝。菜青虫不喜欢旅行，它们会在它们出生的那棵菜上一直吃呀吃呀，直到自己快要成熟，才会离开那棵美味的菜，找合适的地方化蛹。

菜青虫是怎么出现在这些十字花科的菜叶上的呢？是粉蝶的主意。粉蝶虽然只吃花蜜，从来不去啃菜叶，但它非常清楚哪些植物是十字花科的成员，简直是这方面的专家。一旦找到合适的植物，它就在叶片上产下许多浅橙色的卵，这些卵的数目变化不定，成片地集结在一起。卵堆的外形很不规则，内部却井然有序，每一颗卵都可以保持平衡，不会掉下去。不过要观察粉蝶产卵可不容易，如果粉蝶在产卵的时候被人看到，它就会逃之夭夭。有趣的是，粉蝶在一年内生长两代，一代在四月和五月，一代在九月，与甘蓝的播种规律吻合。

虫卵大约在一周内孵化，小菜青虫必须自己咬破卵壳才能爬出来。最初，小菜青虫的食物是这些卵壳，吃完卵壳之后，它才会去吃可口的菜叶。甘蓝的叶子表面很光滑，像打了蜡一样，为了让自己不掉下去，小菜青虫一边吃，一边吐出丝，把自己粘在叶子上面。菜青虫的胃口很大，可以昼夜不停地吃，如果任由它们在菜园里生长，它们完全可以把菜叶全都吃光。菜青虫就没有天敌吗？有的，有一种小腹茧蜂会把卵产在菜青虫的身体里，它的幼虫就这样在菜青虫的体内长大，最终导致菜青虫死亡。

就这样大吃大喝了一个月之后，菜

qīng chóng men de wèi kǒu biàn xiǎo le　　kāi shǐ lí kāi cài yè
青虫们的胃口变小了，开始离开菜叶，

qù xún zhǎo kě yǐ ràng tā men huà yǒng de dì fang　　cài qīng chóng
去寻找可以让它们化蛹的地方。菜青虫

bú pà lěng yě bú pà rè　　zhǐ yào zhǎo dào yí gè gān zào tōng
不怕冷也不怕热，只要找到一个干燥通

fēng　　bú huì bèi dǎ rǎo de dì fang　　jiù kě yǐ guò dōng
风、不会被打扰的地方，就可以过冬

le　　děng dào chūn tiān lái lín　　zhè xiē cài qīng chóng jiù biàn chéng
了。等到春天来临，这些菜青虫就变成

xīn yí dài fěn dié　　jì xù zài cài yuán lǐ huó dòng
新一代粉蝶，继续在菜园里活动。

植物冷知识
ZHIWU LENG ZHISHI

什么是十字花科植物

你们了解十字花科植物吗？这类植物跟我们的生活可是息息相关。十字花科花朵的花瓣通常为对称生长的四瓣，大多数是草本植物。我们常吃的青菜、油菜、白菜、甘蓝、西兰花、芥菜、荠菜、萝卜等，都是十字花科家族的成员。而常见的园艺花卉如桂竹香、紫罗兰、诸葛菜，也属于十字花科。如果没有了十字花科植物，我们将会失去好多种可口的蔬菜和美丽的花儿。

第五部分

特别的小虫

　　有一类昆虫很有趣，它们可能不像蝴蝶那么美丽，也不像蝉和蟋蟀那样善于弹奏乐器，甚至我们很少注意到它们。但它们看起来很特别，有的像树上的小果子，有的身穿厚厚的衣服。自然界中有哪些特别的小虫子呢？看看这部分就知道了。

胭脂虫

五月，在圣栎树的树枝上，我经常会发现一些豌豆大小的黑色小球，它们散发着诱人的光泽，多汁，味道还有点甜，就像树上的小浆果。

这种味道很好的果子是一种动物，准确地说，这是一种昆虫。跟别的昆虫不一样的是，它根本没有头、胸、腹的区分。它至少得有一个证明自己是昆虫的器官吧？可惜完全没有，连腿都没有，甚至不会动。在它的底部有一层蜡，使它粘在树枝上。不可思议的是，这家伙竟然会吃东西，会使自己长大，并且流出一种汁液。它至少应该有嘴巴吧？我把它翻过来，发现它附着在树枝上的那一面有个凹槽，汁液就是从这里出来的。这种汁液引来了蚂蚁，蚂蚁很喜欢喝这种甜甜的饮料。但是蚂蚁不会像圈养蚜虫那样圈养它们，因为胭脂虫离开树枝就会死掉。

五月底，我把一只胭脂虫的身体打开，发现里面全是虫卵，它们是白色的，成团地抱在一起。一只胭脂虫身体里有30个圆团，每个圆团里有100枚卵。到了六月，胭脂虫不再分泌汁液，说明里面的东西发生了变化。它的外表依然是黑亮的球形，但是当我打开一只胭脂虫的外壳，发现里面是白色和红色混合的干粉。

我把这些粉末收集起来，放在放大镜下观察，看到的情形令我大吃一惊。这些粉末似乎在动！我仔细观察，发现其中白色不会动的粉末是没有孵化的卵，而红色的粉末是刚刚出生的胭脂虫幼虫。这种生育方法多么奇怪呀，胭脂虫妈妈难道是把自己变成了一只卵盒子，让这些卵在自己的体内孵化吗？我又观察了一个完整的胭脂虫，发现事实确实是这样的。幼虫们在胭脂虫的体内孵化出来，然后爬到外面去。我仔细观察胭脂虫的外壳，发现它其实有两层，内侧的一层是胭脂虫母亲的身体。它把体内的大部分空间都给了自己的卵，只有很少一部分属于它自己。

小胭脂虫是什么样子的？它们很小，肉眼几乎看不清。借助高倍放大镜我看清了，它们的身体呈卵形，前面大，后面小。它们浑身是棕红色或者橘红色，六条腿很好动，喜欢跑来跑去。在它们身后，还有两根半透明的长触角一摇一晃的。这些小家伙目前还不喜欢待在树上，它们去了树下的黑色土地里，准备在地下度过冬天。到了来年五月，它们中的雌性胭脂虫又会变成树上的小黑球，雄性则会长出翅膀，飞到别处去。

胭脂虫

胭脂虫长得像一颗果子，还会分泌出甜甜的汁液，很多小动物都喜欢它。除了鸟儿会把它当成果子误食，蚂蚁会喝光它分泌的汁液，还有一种寄生蜂也喜欢它。这种寄生蜂会把卵产进胭脂虫的体内，直接把胭脂虫的身体当作它的育儿房。这样，胭脂虫的宝宝们会被寄生蜂的宝宝吃掉。其实，胭脂虫也很受人类的欢迎呢。因为它的幼虫身上有美丽的红色，因此它们经常被用来加工颜料、色素。这样的色素名叫胭脂虫红，见光不容易褪色，在化妆品和食品中应用很广泛。

蜡衣虫

我认识一种奇特的昆虫，在产卵期，它的体长会比平时增加一倍，身体的前半段是属于自己的，后半段则装满了卵，像个育婴房。

这种虫子叫蜡衣虫，十分常见。随着天气转暖，我们会看到蜡衣虫从腐叶堆下面钻出来，离开过冬的地方。最迟五月，蜡衣虫的大搬迁就完成了，它们聚集在树干高处，密密麻麻的，有点像蚜虫。其实，蜡衣虫跟蚜虫是亲戚，它们的生活方式也很像。只是蜡衣虫比蚜虫优雅得多，它们身穿一件齐膝的紧身衣，用针尖一扎就会碎裂。这件衣服的质地像灯芯绒，分布着一些竖条纹。它的胸部还有一块花纹对称的护胸甲，上面有六个圆洞，蜡衣虫把棕色的腿从洞里伸出来。在衣服的尾部，还有一些带子组成的流苏，刚好把它的身体给包了起来。

这件衣服是蜡衣虫的冬装，此刻还是尺寸刚好的。不久以后，产卵期到了，这件衣服会突然变得很长。原来，蜡衣虫在产卵期并不是身体变长了，而是外面的外套变长了，这件外套现在可以给蜡衣虫的宝宝保暖。

这层衣服真的是蜡做的吗？我抓来一些蜡衣虫，把它们放进热水里，果然那层蜡衣化掉了；但蜡衣没有溶解在水里，它冷却后又凝固起来，这说明这层外衣的成分真的是一种蜡。神奇的是，蜡衣虫身上的蜡不是它从别处收集来的，而是从皮肤里渗出来的。蜡衣虫的身体上有弯弯曲曲的条纹，因此它的蜡衣也自动变成全是条纹的样子。如果把蜡衣虫的外衣脱掉，它还会制造一件新的蜡衣，只是新衣服不如旧衣服大，因为蜡衣虫的蜡不够了，这些蜡本来是用来给旧衣服打补丁用的。

在产卵期，卵就藏在蜡衣虫的衣服

下面，它们被松软的棉絮包裹着，就在这里慢慢孵化，爬到外面去。在外人看来，孵化的蜡衣虫就像是胎生动物，从妈妈的肚子里被生出来。但是去掉蜡衣虫的外套，我们就会发现，里面是一颗一颗的卵。如果不破坏蜡衣虫妈妈的外套，这些卵是不会掉出来的，即使蜡衣虫妈妈四处走动，也没关系。因为有一团棉絮挡在出口那里，除非幼虫到了出去闯荡的年纪，有足够的力气推开棉絮，否则谁也出不去。

这样的生殖方式多么巧妙呀！既能把宝宝带在自己身边，又保证了宝宝们的安全，比把孩子放在家里的蜜蜂和把孩子背在身上的狼蛛聪明多啦。